科考在南极

主审　李院生

主编　陆　英

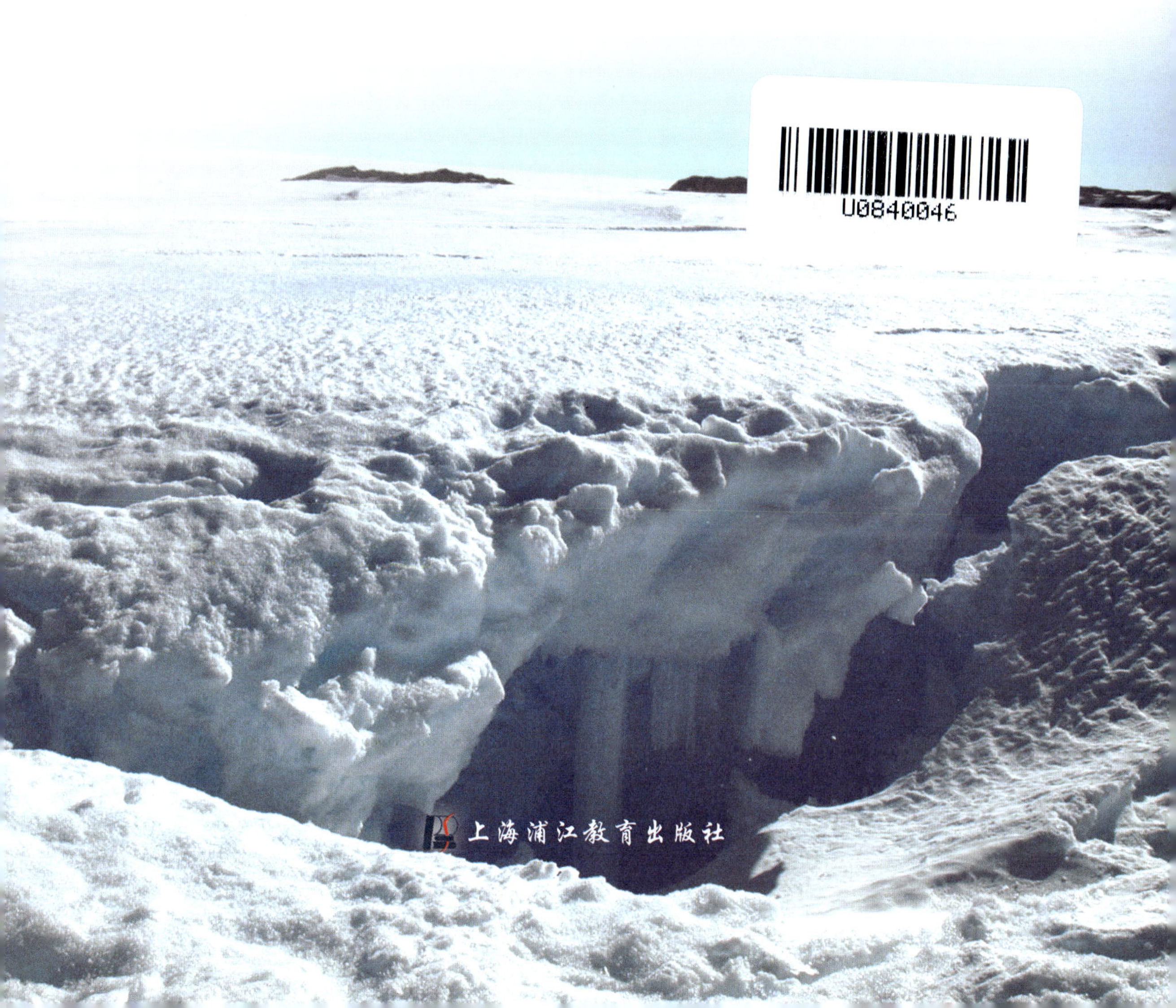

上海浦江教育出版社

在1984年中国首批南极科考队员第一次踏上乔治王岛之前，54名科考队员只在教科书上浏览过南极的地图。然而，仅仅过去34年，中国已经发展成为世界上为数不多的实施南北极全方位考察并拥有相当话语权的国家之一，很多研究成果在世界前列。

进入新时代，极地已成为中国积极开拓并与世界各方构建人类命运共同体开启全球治理的新疆域。中国极地事业也迈上了新航程，未来的辉煌需要更多奋发有为的青少年去续写。

寄语同学们共勉：珍惜当下人生中最为宝贵的青春年华和学习时间，继续发扬“爱国、求实、创新、奉献”的极地精神，坚持理想、脚踏实地，勤学习、善思考，求创新、勇探索，在知识的海洋里不断积蓄新能量，在科技的世界里，不断攀登新高峰，早日为实现中华民族伟大复兴，推进构建人类命运共同体贡献智慧和力量。

2018.6.5

（白响恩，上海海事大学商船学院副教授、博士、大副，研究方向为通航安全评估、港航论证和极地航行安全，我国首位穿越北冰洋的女驾驶员，拥有多次远洋和极地航行经历）

沿着前人的脚印走，在科学前沿踏出新的脚印

极地科学几乎包含了自然科学所有学科及其交叉学科，极地科学研究离不开科考，没有第一手科学考察资料就不会有科学发现。科学发现的过程就是提出科学思想和研究目标，做认真的科学考察准备，开展细致的考察，然后通过实验和科学分析得出研究结果。

《科考在南极》突出了科考，虽然篇幅不大，但却描绘了南极科考和南极科学中那些有趣味、有思想、有深度的多学科知识和研究方法。《科考在南极》深入浅出地讲述了丰富多彩的极地故事，并且用优美、流畅的语言表达出来，相信一定可以满足同学们的求知欲，点燃他们探索极地的热情火焰，

（孙立广，中国科学技术大学地球和空间科学学院教授、博士生导师。主要从事南北极及中国近海岛屿的生态地质环境研究工作，在国际上首次提出了研究南极典型海洋动物古生态演化的生态地质学方法，提出“南极无冰区生态地质学”重要研究方向，独创的“企鹅考古法”研究成果发表在 *Nature* 上，出版了学术专著《南极无冰区生态地质学》）

孙立广教授（左）在南极

同时激发他们热爱自然的好奇心，我相信青少年是会喜欢的。

地球科学是一门妙趣横生的学问，地球环境科学更是用独特的“语言”留下了地球历史的蛛丝马迹，它们保存在冰雪、大气、海洋、岩石、泥土和动植物及其遗体、遗迹、遗物或化石中。科考的任务是发现这些“语言”，解读这些“语言”，以便从地球历史的隧道中走出来，去打开认识地球历史和全球变化走向的大门。认识现在是打开历史大门的钥匙，认识历史是探索未来的钥匙。对人类而言，这是很要紧的事。

两极和青藏高原的冰雪世界有许多与众不同的特色，也许这便是它们鼎立于地球之颠，引起人们特别关注的原因。对于环境科学家来说，南北两极保留了认识过去全球变化的最完整的记录。历史是未来的一面镜子，这面镜子将帮助我们走向可持续的未来，保护地球首先得认识地球。南极这块净土为人类保留了认识地球历史的最完整的记录。

两极的遥相呼应及其对全球变化的响应，在系统的框架内描绘着地球环境的“世态炎凉”。地球两极的生态圈是一个由食物链维系着的充满生机的世界，正是生存竞争维护了自然界的和谐。遗憾的是，人类的活动正在打破这种和谐。地球历史和近现代的环境变化历史告诉我们：在自然的面前，生命是脆弱的；在人类的面前，自然是脆弱的。人与自然的和谐相处是维持人类文明可持续发展的最高追求和唯一选择。

极地是一个开放的体系，污染物通过大气和海洋这两个流体系统和食物链传输、放大进入南极和北极，人类对鲸鱼、海豹和磷虾的猎捕活动使极地生态系统失去平衡。它们将在多大程度上影响南大洋和南极无冰区生态系统的生存状态呢？在全球变暖的背景下，企鹅和苔藓、地衣们会有一个怎样的未来呢？这些都是太有诱惑力的问题。

南极研究的目标是：认识南极 、保护南极、利用南极。 1998 年作为科考队员，我有幸去了南极长城站进行生态地质学考察，采用地质学、地球化学多学科交叉的研究方法，研究过去 1 万年来的生态变迁过程及其对全球气候变化的响应。我们有幸从科学和美学的角度欣赏了庞大的企鹅家族井然有序的生活方式，目睹了冰山裹挟着巨石訇然而下的壮伟雄奇，我们也曾与洁白的南极海鸥一同翱翔在广阔的冰海蓝天之间。在《科考在南极》中，我看到了我们的研究和发现成果，感到特别的亲切！

在南极的雪地上行走是艰难的，为了减少风险，我们总是排成一行，后面的人踩着前面人的脚印前进。我从中悟出一个道理：沿着前人的脚印走，永远走不出自己的脚印。正是这个道理，使得我们在极地生态环境研究的前沿走出了自己的印记。期待青少年读者朋友，从这本书里获得启发和激励，树立远大理想，未来在科学前沿，踏出新的属于自己的脚印。

中国科学技术大学教授、博士生导师

前言

南极，是一片奇寒酷冷的大陆，看起来毫无生机，根本不适宜人类生存。但在无边无际的好奇心的驱使之下，在不断进步的技术条件的支撑下，更在诸多先行者的勇气、智慧和坚守的推动之下，人类不断靠近南极，登上南极，穿越南极，然后在南极安营扎寨，进行长久的科学考察。在这个伟大的历史进程中，中国人身影的出现可以说很晚很晚，这多少显得有几分遗憾。但中华民族从来都是一个知耻而后勇的民族，我们从动乱之中睁开朦胧的睡眼，看到世界已经不是我们想象中的那般模样，我们开始奋起直追。通过向日本、澳大利亚等国学习，1984 年的秋天，中国成规模、成体系的科考队第一次正式登上了南极大陆。

万事开头难。有了第一次的突破，后面的事情相对就容易多了。

从 1984 年开始，一直持续到今天，每年一次的南极科考，我国从未缺席。34 年来，经过几代人的努力，我国获得了有关南极的方方面面的第一手资料，培养了一支富有经验的科考团队，取得了丰硕的科研成果，甚至还有相关论文发表在世界最顶级的学术刊物上，展示了中国人应有的聪明智慧和理性坚持。这是值得敬佩和赞美的！

这本书名叫《科考在南极》，顾名思义，就是讲我国在南极进行的科考项目和已经取得的初步成果。特别需要指出的是，我们这个写作团队的全体成员，都是教育第一线的工作者，而非南极科考的专家，我们搜集阅读了大量的关于南极科考不同学科的资料，然后一边撰稿、一边学习，一边疏通、一边请教，可谓历经千难万苦，才有如今这个初步的称得上是图文并茂的出版物，终于可以给我们的孩子阅读欣赏思考甚至实践，我们终于勉强可以放下一颗惴惴不安的心。

一件事情要想做成做好，一定离不开很多人的帮助。因此，感谢的话语从来就不应是逢场作戏，而是发自内心的情感需求。这本小书，虽然看起来颇为单薄，但却凝聚了很多人的心血。首先要特别感谢中国科学技术大学地球和空间科学学院的孙立广教授，他不但曾经亲自到过南极进行科学考察，而且利用其独到的思维方式，确定了通过企鹅粪沉积层里的汞元素含量变化来印证地球环境的变化，获得全世界很多专家的好评。尤其让人感动的是，当我们找到孙教授，希望他能够为这本小书写些话语，给孩子们鼓鼓劲、加加油时，孙教授非常愉快地答应了，并且很快发来他亲笔撰写的序言，对我们的工作赞赏有加，给予高度评价，让我们的内心深处有一股暖流在潺潺流淌。后来，他又提供了当初他们的团队在南极科考的一些珍贵的图片，从而让我们的这本小册子变得更有学术气息，也更富有历史厚重感。因此，要诚挚地向孙教授表示感激！

我们经常说“读万卷书，行万里路”，对于文明世界里的很多地方，一般我们的孩子在父母的陪伴之下都可以轻松到达，但对于南北极这样气候极其恶劣的地方，不是单纯有钱就可以到达的。所以，编写这本小册子，极地地区的现场图片就显得格外珍贵。得益于历届南极科考队成员尤其是随团媒体记者的卓越贡献，本书才有这种图文并茂的呈现形式。在此，也真诚地向历届南极科考队成员和媒体记者朋友表示诚挚的感谢！

中国极地研究中心的李院生研究员是国内有名的冰川学家，曾经多次作为南极科考队的领队前往南极进行冰川学相关科研工作。我们有幸邀请到李老师作为主审，全面把关全书的科学性，确保我们传递给孩子们的知识没有明显讹误之处。特别感激李院生老师的古道热肠！

还要感谢上海海事大学商船学院白响恩老师给孩子们亲笔写就的殷殷寄语。希望我们的孩子们能够从中汲取更多的力量勇往直前。

科学技术的价值在于给予全人类更多的自由和尊严。我们的国家和民族要想真正屹立于世界的东方，必须更加重视科学研究的能力，必须更加重视原始创新的能力。我们作为教育一线的工作者，虽然殚精竭虑，但总觉得力有不逮。《科考在南极》这样的小册子顺利问世，似乎给了我们更多的抓手、更多的信心。

从有一个想法开始，到最终出版为上海市临港第一中学校本教材，这非常像孕育一个生命，心怀美好，过程曲折，不禁让人感慨万千。愿更多的孩子能够从这本书里获得未来从事科学研究的勇气、信心和志趣。再一次感谢大家！

上海市临港第一中学校长

陆英

编委会

主　审　李院生

主　编　陆　英

编　委　陆　英　姚　煜

席永涛　白响恩

李亚兵　左灵杰

姚　胜　金利军

陈　晨　闵　菲

傅　安　倪项根

目录

中山
464
Grove
Dome A
冰穹A
836 km

揭开南极的面纱

走近南极

平均海拔最高的大陆——南极洲位于地球最南端，土地几乎都在南极圈内，四周被太平洋、印度洋和大西洋环绕，面积约为 1 400 万平方千米，约为地球陆地总面积的 1/10，位于七大洲面积的第五位。平均海拔高度达 2 350 米，居世界各大陆平均海拔高度之首，是一片孤寂、洁净、遥远的大陆。

跨经度最多的一个大洲——南极点几乎位于南极大陆的几何中心上，是所有经线交汇的地方。在南极点，不管向哪面走都是向北方。

冰雪最多的大陆——南极大陆储存了全世界冰雪总量的 95%，其冰盖平均厚度为 2 500 米，最大厚度达 4 800 米，被喻为“地球冰库”。

最寒冷的大陆——南极大陆常年被冰雪覆盖，年平均最低气温为 -30 摄氏度 ~-25 摄氏度，最低气温达 -98 摄氏度。比北极的年平均气温低 15 摄氏度 ~30 摄氏度。由于气候极度寒冷，南极洲仅有一些来自其他大陆的科学考察人员，没有定居居民。

最长昼夜的大陆——南极大陆是昼夜最长和最分明的地方。随着纬度的不断增加，昼夜现象逐渐明显。在南极点，半年是极昼，半年是极夜。

最干旱的大陆——南极大陆常年为固态冰雪覆盖，降雨量极少。年平均降雨量不足 50 毫米，因此这片大陆被称为“白色沙漠”。

暴风雪最强的大陆——南极大陆天气恶劣，多暴风雪天气，年平均风速 18~20 米 / 秒，最大风速可达 100 米 / 秒（相当于 12 级台风风速的 3 倍），素有“暴风雪故乡”“风暴杀手”之称。

世界最大的淡水库——冰雪总量约达 2 400 万立方千米，储存了全世界可用淡水的 72%。

世界蛋白资源仓库——南大洋生物资源不仅种类多，而且数量大，主要有鲸、海豹、鱼类、乌贼和磷虾，其中磷虾被喻为“动物蛋白资源仓库”。

矿产资源宝库——南极的矿产有 220 多种，其中煤、铁和石油的储量尤为可观。

南极大陆冰原

绚丽南极光

南极晚霞

趣味屋

南极洲是最晚被发现的一个大陆，因此南极洲也叫“第七大陆”。1772 年 12 月，英国伟大的航海家和探险家库克船长从南非出发，开始了南太平洋环绕南极大陆的伟大航行。他成了南极圈的拓荒者，发现了“库克”海峡和“库克”群岛，他先后 3 次环南极航行，首次明确了可能存在的南方大陆的北界，勾出了南极大陆的范围，并作出结论：那是一个不适合人类居住的大陆！

信息瞭望

从 1772 年库克船长扬帆南下到 19 世纪末，先后有很多探险家驾驶帆船去寻找南方大陆，历史上把这一时期称为帆船时代。20 世纪初到第一次世界大战前，尽管时间短暂，但人类先后征服了南磁极和南极点，涌现了不少可歌可泣的探险英雄。历史上称这一时期为英雄时代。第一次世界大战后至 20 世纪 50 年代中期，人类在南极探险逐渐用机械设备取代了狗拉雪橇。1928 年英国的威尔金驾机飞越南极半岛，1929 年美国人伯德驾机飞越南极点，同年另一美国人艾尔斯沃斯驾机从南极半岛顶端飞至罗斯冰架。飞机在南极探险方面为人类宏观正确地认识南极大陆提供了可靠的手段，历史上称这一时期为机械化时代。从 1957—1958 年的国际地球物理年起至今，众多的科学家涌往南极，他们在那里建立常年考察站，进行多学科的科学考察，人们称这一时期为科学考察时代。

从 19 世纪 20 年代起，到 20 世纪 40 年代，各国探险家相继发现了南极大陆的不同区域，英国、新西兰、德国、南非、澳大利亚、法国、挪威、智利、阿根廷、巴西等 10 个国家的政府先后对南极洲的部分地区正式提出主权要求，使这块冰封万年的平静大地笼罩上国际纠纷的阴影。根据 1961 年 6 月通过的《国际南极条约》，冻结了以上 10 国对南极的领土主权要求，规定南极只用于和平目的。可以说，南极不属于任何一个国家，它属于全人类。中华人民共和国于 1983 年正式加入《国际南极条约》。

各抒己见

全人类应该以什么样的态度来共同探索开发南极？

科考南极

科考车队

雪鹰英姿

南极飞艇大气采样

天文观测台

开展底泥
采样作业

极光下的高空大
气物理观测栋

海鸟 911CTD、
RBR 和 LADCP
捆绑入水的瞬间

科学角

科学思维，也叫科学逻辑，即形成并运用于科学认识活动、对感性认识材料进行加工处理的方式与途径的理论体系；它是真理在认识的统一过程中，对各种科学的思维方法的有机整合，它是人类实践活动的产物。

在科学认识活动中，科学思维必须遵循三个基本原则：在逻辑上，要求严密的逻辑性，达到归纳和演绎的统一；在方法上，要求辩证地分析和综合两种思维方法；在体系上，实现逻辑与历史的一致，达到理论与实践的具体的历史的统一。

信息瞭望

南极磷虾是南大洋中最重要的甲壳类浮游生物，也是南大洋中数量最多的生物资源和生物链中最为关键的一环。研究南极磷虾总量对于磷虾的合理开发，保护南大洋生态系统是至关重要的，根据这些成果，可以制定合理的磷虾捕捞限额，使磷虾资源不受破坏。

南极磷虾

过去科学家估计南大洋磷虾资源量为10亿～50亿吨，有人甚至估计上百亿吨，但根据实测结果估计，其蕴藏量为4亿～6亿吨，当然这不是最后结论。实际上，磷虾资源量有很大的年际变化，每年的资源量是不同的。同时由于过去对南大洋初级生产力估计过高，因而磷虾实际资源量可能没有估计的那么多。随着世界人口的增加，人类对蛋白质的需求也在增加。水产品是蛋白质的一个重要来源，但是由于过度捕捞，传统的鱼类资源正在衰退，传统渔场在消失，渔汛不明显，湖泊等自然水域所能提供的水产品已呈饱和状态。在此情况下，人们自然而然希望另找出路，开辟新的蛋白资源，于是南极磷虾便成为大家追逐的对象。

南大洋磷虾的蕴藏量为4亿～6亿吨，那么磷虾的捕获量应是多少才合适呢？有人研究过，在鲸资源未被破坏以前，一头体重40吨的须鲸每天要吃磷虾1吨，按此计算，须鲸每年要吃掉磷虾1.9亿吨。现在须鲸少了，估计每年只有5 000万吨磷虾被吃掉，于是就有1.4亿吨磷虾的“过剩量”。如果磷虾捕获量为5 000万吨的话，那么它就是现在世界总渔获量的一半(现在世界总渔获量是1亿吨左右)，这是一个多么诱人的数字啊！无疑，磷虾是人类的蛋白质资源宝库。

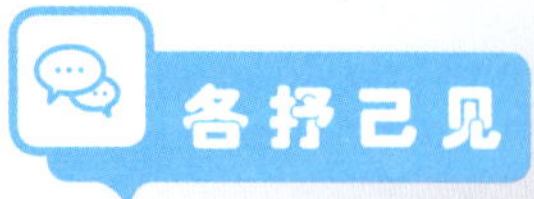

各抒己见

科学家在研究南极磷虾的过程中是如何取样的？在茫茫的南大洋中，南极磷虾的数量是如何被估算出来的？磷虾的捕获量是多少才不会破坏生态平衡呢？请用对照思维分析，如果南极磷虾消失了，南极的生态系统将有哪些变化。

为什么要探索南极

南极探索历史

从 18 世纪起，探险家们纷纷南下去寻找传说中的南方大陆。1772—1775 年英国库克船长历时 3 年 8 个月，航行 97 000 千米、环南极航行一周，几次进入极圈，但他最终未发现陆地。1819 年沙俄派别林斯高晋率“东方”号与“和平”号两船，历时 2 年 21 天分别在南纬 69° 53′、西经 82° 19′ 和南纬 68° 43′、西经 73° 10′ 发现了两个岛。1823 年 2 月英国人威德尔南下到南纬 74° 15′，创造了当时南下的最高纬度。1837 年 9 月—1840 年 11 月法国迪尔维尔曾力图超过威德尔创造的最高纬度纪录而未能成功，但他以夫人的名字命名他于 1840 年 1 月 19 日发现的岛屿为阿德雷地，并命名其沿海水域为迪尔维尔海，后人还以其夫人的名字命名了一种企鹅，即阿德雷企鹅。随后，英国的罗斯于 1841 年驶入后来以他的名字命名的罗斯湾，但他为冰障所阻无法到达他预测的南磁极——南纬 75° 30′、东经 154°。1908 年英国的沙克尔顿挺进到南纬 88° 23′，离南极点仅差 180 千米，但由于食品耗尽而折回。1909 年莫森、戴维斯和麦凯首次到达当时为南纬 72° 24′、东经 155° 18′ 的南磁极。1911 年 12 月 14 日和 1912 年 1 月 17 日挪威的阿蒙森和英国的斯科特率领的探险队先后到达南极点。

探索南极需要哪些精神？请计划你自己的南极之旅吧！

趣味屋

第一个到达南极点的是挪威人罗尔德·阿蒙森。阿蒙森的主要对手英国人罗伯特·斯科特在一个月后到达南极点。罗伯特·斯科特是英国皇家海军军官，原先他既不是探险家，也不是航海家，而是一个研究鱼雷的军事专家。1901 年 8 月，他受命率领探险队乘“发现”号船出发远航，深入到南极圈内的罗斯海，并在麦克默多海峡中罗斯岛的一个山谷里越冬，从而适应了南极的恶劣环境，为他后来正式向南极点进军打下了基础。斯科特攀登南极点的行动虽比挪威探险家阿蒙森早约两个月，但他却是在阿蒙森摘取攀登南极点桂冠后的第 34 天，才到达南极点，他的经历及成果与阿蒙森相比有着天壤之别。虽然他到达南极点的时间比阿蒙森晚，但却是世界公认的最伟大的南极探险家。

1910 年 6 月，斯科特率领的英国探险队乘“新大陆”号离开欧洲。1911 年 6 月 6 日，斯科特在麦克默多海峡安营扎寨，等待南极夏季的到来。10 月下旬，当阿蒙森已经从罗斯冰障的鲸湾向南极点冲刺时，斯科特一行却迟迟不能向目的地进军。因为天气太坏，虽

值夏季但风暴不止，有几个队员病倒了，所以直到10月底，斯科特才决定向南极点进发。1911年11月1日，斯科特的探险队从营地出发，每天冒着呼啸的风雪，越过冰障，翻过冰川，登上冰原，历尽千辛万苦。当他们来到距南极点250千米的地方时，斯科特决定他本人和37岁的海员埃文斯、32岁的陆军上校奥茨、28岁的海军上尉鲍尔斯继续向南极点挺进。1912年初，原本应该是南极夏季气温最高的时候了，可是意外的坏天气却不断困扰着斯科特一行，他们遇到了“平生见到的最大的暴风雪”，寸步难行，他们只得加长每天行军的时间，全力以赴向终点突击。1912年1月16日，斯科特他们忍受着暴风雪、饥饿和冻伤的折磨，以惊人的毅力终于登临南极点。但正当他们欢庆胜利的时候，突然发现了阿蒙森留下的帐篷和给挪威国王哈康及斯科特本人的信。阿蒙森先于他们到达南极点，这对斯科特和他的队友来说简直是晴天霹雳，一下子把他们从欢乐的极点推到了惨痛的极点。此刻，斯科特清楚地意识到，队伍必须立刻回返。他们在南极点待了两天，便踏上回程。半路上，两位队员在严寒、疲劳、饥饿和疾病的折磨下，先后死去。剩下的队员为死者举行完葬礼，又匆匆上路了。在距离下一个补给营地只有17千米时，他们遇到连续不停的暴风雪，饥饿和寒冷最后压垮了这些勇敢的南极探险家。斯科特写下最后一篇日记，他说：“我现在已没有什么更好的办法。我们将坚持到底，但我们越来越虚弱，结局已不远了。说来很可惜，但恐怕我已不能再记日记了。”斯科特用僵硬不听使唤的手签了名，并作了最后一句补充：“看在上帝的面上，务请照顾我们的家人。”过了不到一年，后方搜索队在斯科特蒙难处找到了保存在睡袋中的3具完好的尸体，并就地掩埋，墓上矗立着用滑雪杖做的十字架。斯科特领导的英国探险队的勇敢顽强精神和悲壮业绩，在南极探险史上留下了光辉的一页。他们历经艰辛，艰苦跋涉，却没有将所采集的17千克重的植物化石和矿物标本丢弃，为后来的南极地质学作出了重大贡献。他们探险的日记、照片，也都是南极科学研究的宝贵史料，至今仍完好地保存着。为了让人们永远地纪念他们，美国把1957年建在南极点的科学考察站命名为阿蒙森－斯科特站。

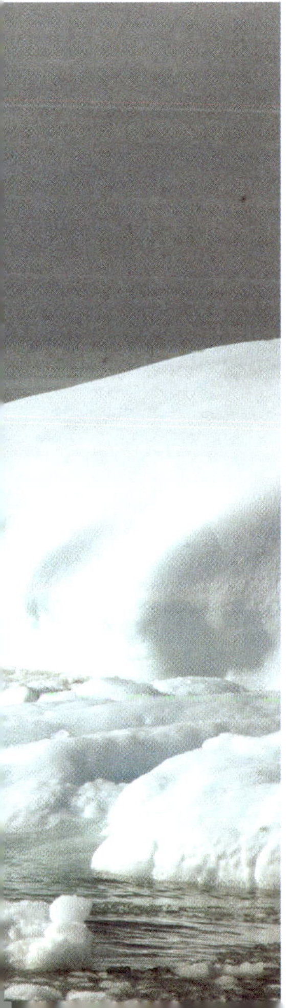

各抒己见

当下发达的资讯和便捷高效低成本的互联网，使人们对南极已经没有了昔日的陌生感。很多有丰厚财力和远见的人们已经来到南极旅游观光，有的还去过不止一次。了解和研究这样一块奇寒酷冷、不适宜人类生存和生活的大陆究竟有何价值？

人类有一种与生俱来的探索基因，它的存在，促使人类从古至今不断尝试着陌生的地域和环境。大自然是极为慷慨和慈悲的。人类在漫长的探索过程中，虽然必然地会付出代价，但收获是极大的，比如食物品种的日渐丰富。一个很明显的例子就是欧洲大航海时代，哥伦布等人从美洲大陆带回很多物种，经过成功试种之后，极大地增加了人们的食物供应，从而可以让更多的人口更加从容地存活在这个星球之上。

哥伦布大交换是关于生物、农作物、人种、文化、传染病以及观念在东半球与西半球之间的一场引人注目的大转换。在人类历史上，这是关于生态学、农业、文化等许多项目的一件重要历史事件。1492年哥伦布首次航行到美洲大陆，这是世纪性大规模航海，也是旧大陆与新大陆之间产生联系的开始。这种生态学上的变革，便称之为“哥伦布大交换”。

南极的植物种类稀少，仅有的几种也是不显眼的低等生物，但南极有很多种动物。这些动物物种，少部分可以满足人类的口腹之欲，或者说，可以成为人类物质能量的来源，大部分都有一定的研究价值。比如我国组织的南极科考队，就有计划地从南极大陆采集一些海豹等标本带回国内进行生物学、药物学方面的研究。

你认为南极动植物有何科研价值？

南极的冰层和海洋之下蕴含着品种极为丰富且数量极为惊人的各种矿物资源和油气资源。南极大陆是人类最后一片净土，人类最好不要急于去打扰它。但随着地球人口的不断增加，人类对于美好生活的热切向往，我们的确需要更多的资源作为生活延续的支撑。现有的地球常规资源要想让地球的所有人类都获得体面而富有尊严的生活，显然有些捉襟见肘，这就要求我们必须未雨绸缪、提前规划，在平常的岁月里，就尽可能地前往深海、太空和极地去寻找更多的资源并且找到更好的利用方法，以尽可能小的环境代价去换取资源的开采利用，为人类的持续发展奠定基础。

南极终年气候寒冷，雪花不断，这些雪花在低温的环境里，经过几千年几万年的堆积挤压，最后就变成了今天我们所能看到的冰架和冰山。那么这些由雪花层层堆积而成的几乎有着无法测量的厚度的冰架，是否也蕴藏着某些反映或者标记远古时代地球气候变化的细微特征？如果我们通过钻取冰芯，按年代顺序由浅入深去分析，或许也会有新的发现。

科学角

冰芯，顾名思义，就是钻取自冰川内部的芯。由于气温低，积雪不融化，每年的积雪形成一层层沉积物，年复一年，从底部往上逐渐形成一层层的冰层，越向上年代越新。冬季气温低，雪粒细而紧密；夏季气温高，雪粒粗而疏松。因而，冬夏季积雪形成的冰层之间具有显著的层理结构差异，宛如树木的年轮一样。在大气中的物质会随大气环流而抵达冰川上空，并沉降在冰雪表面，最终形成冰芯记录。

冰芯是如何记录地质和气候变化的？

人类通过自身的智慧和辛劳，创造了发达的文明，建立了雄伟的城市，过着幸福甜蜜的生活。城市里，有直入云霄的摩天大楼，有摩肩接踵的人流，有宽阔的马路，有疾驰而过的汽车，有天然气管道，有污水处理厂……很多人在一起分工合作完成各种各样的任务，我们称之为工作；在工作中，人与人之间有矛盾、有冲突，也有温馨、喜悦和成就感，这就是客观存在的人际关系。那么，到了南极之后，人数极少的团队，面对与原来十分熟悉的环境有着极大不同的全新环境，人的生理和心理又会产生哪些变化？这些变化究竟是如何产生的，又给我们带来哪些正面的作用和负面的作用？这些都需要我们前往南极进行深入的研究。

前往那片白色世界，我们不能指望一架小飞机，直接稳稳地降落在冰天雪地之中，还需要有其他交通工具比如破冰船、雪地车等工具的接续和帮助。在琢磨着设计和建造这些交通工具的过程中，就可以极好地锤炼人类的大脑和思维能力。建造好之后，在一次次前往南极大陆实地使用的过程中，我们会发现各种交通工具或者其他仪器设备出现各种状况，而解决这些问题，又成了锤炼我们大脑和思维能力的有效途径，如此反复循环，人类自然就会越来越能干，越来越聪明、智慧，就可以更好地拓展人类的生存空间。

去南极的准备工作

凡事预则立，不预则废。对于前往气候环境与常规文明世界有着极大不同的南极大陆进行科考，当然要事先进行周密的安排和部署，方有可能取得预期的效果，减少意外和伤害发生。去南极的准备工作大体可以分成以下三大类。

（一）身体上的准备

可能很多人不以为然，觉得去南极还要有什么身体上的准备吗？挑几个身体条件好的，不就得了。事情当然不会这么简单。每年的三四月份，国家海洋局极地办公室都会根据这一年的总体科研任务安排，从全国范围内招募有关的科研人员和后勤保障人员，然后从中择优录取。这里面当然有体检这一关。但不是说体检过关了，就是一名合格的南极科研工作者了。

比如，我国第25次南极科考队，有一项重要的工作就是在南极大陆海拔最高处的冰穹A（DOME A）上建设昆仑站。根据已经有的气象资料，即便是南半球最炎热的夏季，这个冰穹A处依然狂风夹杂着暴雪，属于严重的高寒缺氧地区，在这个地方一般人很难长时间坚持工作，而搭建昆仑站的窗口期可以说就那么十几天，时间非常紧迫，如果错过了，那就等于半途而废，这个代价是难以承受的。为了让施工队员们具有更大的成功把握，我国就组织了这批施工队员前往青藏高原上某处实验基地，进行完全一比一比例的基建施工模拟，让全体施工队员熟悉每一种材料，每一枚螺栓，做到严丝合缝，不留遗憾。同时，在青藏高原上模拟施工，自然可以锻炼队员们对于高寒尤其是缺氧环境的适应能力，这样前往南极冰穹A之后不至于出现体力严重透支的危险情况。事实证明，这种模拟做法极为成功和有效，确保了我国在南极最高点顺利建成了度夏站——昆仑站。

（二）心理上的准备

相对于在最高点进行施工建设这样极度考验体力和耐力的工作，更多的科考队员尤其是在中山站越冬的队员们则需要面临极为严峻的心理耐力考验。在文明世界里浸淫久了，我们很难想象南极大陆的生存环境有多么恶劣。

美国心理学家曾经在大学里做过这样一个非常有名的心理学实验，就是专门制作一间完全封闭的屋子，屋子里空气正常流通，但没有任何光亮，而且待在这个屋子里听不到外面任何声音。实验小组在大学里招募一些勇敢的大学生进到屋子里接受挑战，如果能在这间小黑屋里待够半小时就有丰厚的现金奖励，很多大学生觉得这简直是小菜一碟，报名者甚多，但最后没有一个人能够挑战成功。人类是极其惧怕黑暗和死寂的，因为那几乎就是死亡的同义词。

南极科考，大部分队员只是在南半球的夏季到达，忙完 4 个月左右的时间，就再次乘坐科考船回来，同伴很多，天气相对不错，各种任务也基本可以顺利完成，所以大家觉得还比较新鲜有趣。但对于在南极大陆越冬的队员来说，生活就没有这么新鲜有趣了。漫长枯寂、不见一丁点阳光的极夜，对于人的心理承受能力是极大的考验。在人类南极科考历史上，就有越冬队员因为心理承受力不够，最后出现了精神错乱。

（三）物资上的准备

极地科考毕竟是国家意志的体现，所以作为个体一般在这个事情上不用太操心。吃穿住用行，一路上都有组织给予关照和安排。这里想说的是，经过三十多年呕心沥血的建设和探索，今天的科考工作者的生活和科研条件早已经是今非昔比了。对于早先的那些科考开拓者，他们几乎是从零开始的，甚至连钉子、铁丝和榔头都要自己准备。

当然，南极科学考察涉及的学科非常多，不同学科之间千差万别，所需要的仪器设备也大不相同。比如研究冰川的科学家和研究大气物理的科学家，他们对于装备的要求肯定有着很大差别。有些装备科考站里可以提供，但更多的设备得要靠科研团队自行准备。所以，更多时候，是由科研团队本着尽力而为量力而行的原则自行决定究竟需要携带哪些设备去南极。

想一想

1. 如果我们未来想从事南极科考工作，现在可以做哪些准备？
2. 为什么人类无法长时间待在一个黑暗和死寂的地方？
3. 要进行一次南极冰川科考，你认为需要携带哪些设备？

中国在南极的五座科考站

现在，如果问问身边的孩子，中国的科学家该如何去往遥远的南极，估计有很多孩子可以回答出来：乘坐“雪龙”号科考船。“雪龙”号科考船每年都有几个月停泊在外高桥的长江江面上，可供部分市民和中小学生登船参观。“雪龙”号科考船就像一个高大英俊帅气的男子，玉树临风。但我们有没有人想过，这个帅气的男人在婴幼儿时代该是怎样的跌跌撞撞和鼻青脸肿的状态呢？

1980年的中国，刚刚改革开放，睡眼惺忪，精神惶惑，打量一下世界，却发现，很多发达国家早已在南极这片天寒地冻的冷寂大陆上热火朝天地圈地科考了。真的要感谢那个时候国家领导人的国际视野和战略眼光！那个时候，我国基本上没有能力独立前往南极，万般无奈之下，我们还是蹒跚起步了——从1980年开始，我国政府克服巨大困难，连续派遣科学考察人员加入澳大利亚、新西兰、智利、阿根廷、日本等国的南极科考队进行夏季考察。

有志者事竟成！

在积累了些许南极科考的直接经验之后，1984年年底，中国人终于自己独立组队前往南极。那个时候，“雪龙”号科考船连影子都还没有，我们只能使用20世纪六七十年代建造的“向阳红”号科考船外加海军的军舰运送我们的科考队员去南极。因为南极海域的冰层实在太厚，而我们的“向阳红”号和军舰都没有破冰能力，所以，第一次独立组队，我们只是到达了南极半岛的南设得兰群岛，还没有进入南极圈。第二年的2月，我们的第一个南极科考站——长城站建成，中国人用自己的办法实现了南极科考的实质性突破——有了科考站，就像革命战争有了根据地一样，意义非凡。长城站在南极圈之外，建站的难度自然要小很多，我们在毫无实际经验的情况下，用了三个月的时间建好了第一座真正属于中国人自己的南极科考站。因为长城站所处纬度较低，冬天的气温也不是低得可怕，所以长城站是越冬站，也就是说，科考队员冬天可以继续待在站里，进行一些力所能及的科考活动。

（长城站）

从1984年之后，我们的南极科考从未间断过，每一年都会派人前往，不断小心翼翼地向南极大陆腹地进发。继长城站之后，我们又于1989年2月建成了中山站。虽然处于南极圈之内，纬度更高，自然条件更恶劣，但中山站却建得更好了，更漂亮了，更先进了。我们的南极科考事业从踉踉跄跄的孩童成长为了一个翩翩少年，虽有几分腼腆，但筋骨肌肉已经非常结实了。这就是成长！

（中山站）

依托于长城站和中山站两个科考站，中国南极科考队进行了大量的涉及气象、高空大气物理、电磁学、地震、陨石、海洋环境等方面的科考，获得了许多宝贵的第一手资料。

到了2008年年底，中国第25次南极科考队承担了在南极内陆建设第三座科考站的重任。因为深入南极腹地，各种气象条件更为恶劣，所以施工就更为艰苦。经过全体建设者的艰苦努力，设计寿命为10年的昆仑站顺利落成。这也是中国五座南极科考站中海拔最高的一座。昆仑站是一座只用于夏季科考的站点，或者叫做度夏站。

（昆仑站）

中国南极科考第四座站点名叫泰山站。其于2014年2月8日正式建成开站。泰山站位于中山站和昆仑站之间的伊丽莎白公主地，距离中山站约520千米，距离昆仑站约700千米。这座站点依然是一座度夏站。

（泰山站）

2017年11月出征的中国第34次南极科考队，有一个极其光荣的任务就是为建设中国南极科考的第五座站点——罗斯海新站点做准备。经过前期的大量环境勘察和综合分析比对，我国最终决定在罗斯海区域的恩克斯堡岛上建立新的科考站点。

此时此刻，罗斯海畔新站点的建设正在如火如荼地进行着。这个站点将会成为世界最先进的极地科考站点之一。两三年之后，我们又将在南极获得更好的科研空间。而且，更为重要的是，这座全新的站点将会和长城站、中山站形成一种掎角之势，让我们在南极大陆的科考行动变得更加多样化并且首尾相顾。

虽然南极有憨态可掬的企鹅，有体量巨大的磷虾，还有不可计数的各类能源和资源，虽然中国科考精英们底气十足，但上天似乎不愿意让人类轻易就能获得这些美好，因此南极科考的过程始终充满了不确定性——在南极科考的漫长岁月里，我们的队伍曾经多次与死神擦肩而过，甚至还有人为此献出宝贵的生命。但所有这些都不能阻挡我们坚定的脚步，相反，艰难险阻让我们的队伍更加斗志昂扬，更加理性平和，更加从容不迫。

今天，中学生们在自己的心底种下探索的种子，明天它就会萌发，一年两年三年很多年，或许就是一片郁郁葱葱的知识森林、智慧森林、财富森林，帮助我们更好地参与全球治理和人类命运共同体建设！

1. 请结合南极的具体地理环境，谈一谈第五座科考站为何要选址在罗斯海区域。
2. 请发挥想象力，给中国第五座南极科考站取一个响亮简洁、易于记忆的名字。
3. 为什么昆仑站和泰山站只能用于夏季科考？

南极的通信

人类社会已经进入互联互通时代。凭借着海底光缆和无线通信基站，我们几乎可以和世界上的每一个角落里的人们进行非常方便快捷的沟通和交流，这是人类文明的一个极其重大的创新和突破。但南极地区，信息化建设却是一块难啃的骨头。

南极大陆因为特殊的地理环境和气候条件，除了为数不多的科研工作者和每年夏天到访的旅行者之外，根本就没有任何常住居民，可谓“千山鸟飞绝，万径人踪灭”。要想在这样白茫茫一片的大陆上建立密集的覆盖整个南极大陆的无线通信基站显然是不可能的。即便有些国家出于圈地的政治目的，不惜巨资建设通信基站，但数量仍然有限，而且，在南极大陆冬季的狂风暴雪中，这些基站能否正常运行也是一个大大的问号。

早些年，在南极地区，人与人之间的无线通信主要靠海事卫星。所谓海事卫星，就是通信信号由手持终端发射之后，直接到达天上的卫星，然后再由卫星传回地面，实现点到点的即时沟通。因为卫星制造和发射以及在轨运行维护的费用极其高昂，所以使用海事卫星通话，费用自然不菲了。当然，这里面还有一个使用用户群体数量的问题，如果用户数量能够逐渐增加甚至是爆发式增加，那么通信费用肯定会逐渐走低，这是一个基本的规模效应问题。当年美国人研发出来的 GPS 一开始使用费用也极其昂贵，但随着使用群体越来越多，今天竟然可以通过诸如高德地图等免费使用 GPS 的导航应用。但可惜的是，有南极通信需求的群体始终是小众的。所以，对于早先的南极科考队员，通信是一件非常奢侈的事情，一般只能在过年的时候每个人给家里打几分钟的电话，如此而已。

南极的通信问题给在南极生活和工作的科考人员带来了极大的不便。随着时代的发展进步，这种不便越来越明显。于是，国家有关部门也在努力协调，整合资源，希望能给南极科考队员们提供一个便利的互联网使用环境。在开通移动通信之前，中国南极中山站与外界的网络连接只有唯一一条 1 Mibit/s 带宽的卫星信道，50 多名科考队员只能通过海事卫星电话与国内进行联系，通话质量不稳定，费用昂贵，只能用于重要的工作通信联系。

2013 年，在既没有先例参考，也没有机会在建设前进行实地勘测的情况下，中国电信先期在国内进行近半年的准备测试工作，就南极中山站的机房、天线安装位置等现场可用资源以及温度、风力等环境状况进行多次考察，根据现场架设条件选择相适应的基站类型，进行了多次的设备联网测试。2013 年 12 月，中国电信在南极中山站的通信基站架设成功，并于 2014 年 1 月 3 日在南极现场向中国大陆拨回第一个语音流畅、话质清晰的电话。中山站的卫星专线的带宽也从 1 Mibit/s 提高至 2 Mibit/s。

值得欣慰的是，继中国电信在南极建设通信基站之后，中国联通也在南极成功架设了通信基站。自 2014 年 12 月 10 日起，中国第 31 次南极科考中山站度夏及越冬队全面入驻中山站后，北京联通公司卫星局的有关人员就投入到紧张的工作中，设备拆箱、安装、调测稳步进行，开通了北京至南极中山站的卫星电路，并架设了 3G 基站，南极的科考队员不仅通过联通的电路传输了数据，也能与家人、同事实时地沟通。在到达南极前的航行中，为了完成本次通信电路建立的任务，联通公司的技术人员认真准备各项资料，并为科考队员们开设讲座，普及卫星通信原理及联通业务知识，为联通业务在南极的使用奠定了基础。

与中山站不同的是，长城站的科考人员于 2014 年 12 月 12 日飞抵南极，但是由于恶劣的天气，运输设备的船舶却迟迟没有到来，离用户要求的通信电路建立时间 12 月 31 日只有几天。为了设备到货后能够及时快速安装，前往南极长城站的北京联通公司卫星局的技术人员积极准备资料，熟悉现场情况。姗姗来迟的货运船终于在当地时间12月31日10点到达，经过长达14小时的货物卸载、运输，设备配置、安装，卫星电路终于如期建立。

可以乐观地预计，随着使用者数量的稳步增加，南极地区的无线通信费用也会逐步走低。而科考队员则会迎来更加便捷高效友好的互联网使用环境。

未来，或许南极大陆地区所有的参与科考的国家一起携手，在南极地区铺设光缆，通过德雷克海峡最后连接到阿根廷的陆上光缆线路，这样，南极地区就可以自由自在地遨游在互联网的海洋里了。这对于南极科考的发展进步将会有极大的推动作用，同时，也可以极大地改善南极留守人员的生活质量和精神状态。

1. 你使用过GPS吗？GPS给人类生活带来了哪些利与弊？
2. 卫星通信的原理是什么？
3. 互联网的使用对南极科考发展进步的推动作用表现在哪些地方？

在冰天雪地里种出绿叶蔬菜

在文明社会生活的人们很难感受到绿叶蔬菜对于人体的重要性。因为我们非常容易地就能天天买到吃到各种绿叶蔬菜，所以我们从来不去想这些东西对于身体健康的重要性。这大概就是古人所说的，“百姓日用而不知”。在冰天雪地的南极，科考队员们能不能像我们一样，天天吃上新鲜的绿叶蔬菜呢？答案当然是否定的。

在长城站、中山站，科考队员们的食物供给都是由“雪龙”号科考船提供的。常规的大米、面粉因为保质期较长，当然供应相对充足，但对于能给人体提供维生素和矿物质的绿叶蔬菜，因为保质期很短，就无法长期供应了。科考队员吃到的蔬菜，大多是大白菜、洋葱、土豆等容易保

存的蔬菜，而要想吃到我们在日常生活中经常食用的诸如青菜、油麦菜、黄瓜、西红柿、菠菜、胡萝卜等蔬菜，则只能望洋兴叹了。众所周知，人体长期得不到充足的蔬菜水果的供应，健康会受到影响。

在大航海时代，很多航海的勇士们经常会遭遇坏血病的困扰，这其实就是在大海里长时间的航行无法摄入绿叶蔬菜导致的。从医学的角度看，更准确的说法就是维生素 C 匮乏。为了保证南极科考队员的健康，随行的科考队队医每天会给队员们发放复合维生素药片，并且督促队员按时服用，否则时间稍长，队员就有生病的可能，不说一定得坏血病，最起码便秘就非常容易出现，这毫无疑问会给队员的科考活动带来负面影响。

按时服用复合维生素药片只能说是不得已而为之的办法。大家也可以想象，没有了常见的绿叶蔬菜，队员们的食欲多少也会受到影响。更好的办法，就是在南极地区搭建温室，自己种植绿叶蔬菜，像在城市里生活一样，随时都能够吃上绿叶蔬菜。

这样的想法，不仅仅中国人在琢磨，其他国家的科考队员也早已经在琢磨了。看到别的国家的科考队员们建成温室大棚并种出了绿叶蔬菜，中国南极科考队员们在国家科委的大力支持下，在中山站、长城站同时开展“南极极端环境温室蔬菜生产关键技术研究与示范”科研项目，自产新鲜蔬菜并且获得成功。

众所周知，植物的生长发育离不开阳光、空气和水等必备要素。在南极大陆，阳光、空气和水都有，且容易获得，关键是温度的控制。在那种奇寒酷冷和狂风暴雪的天气条件下，如何保持温室自身的强度和温室里的温度，则是需要费一番脑筋的。这个科研项目的主要承接单位是上海市农业科学院下属的一个单位。温室主要设计人周强介绍，植物想要长得好，光照必须满足光合作用的需要，一般适合蔬菜生长的光合有效辐射不可少于每秒每平方200微摩尔，日照强度相当于100瓦/平方米。长城站、中山站的光照量均超过了这一数值，因此两站温室的设计方案初步决定采用自然光照。当然，在南极种植蔬菜还有一个好处：没有病虫害，无须打农药。

不过，“南极温室”须靠日夜燃烧汽油加热来抵抗极地严寒，即便如此，其能耗仍比船运要低很多。根据目前的设计，温室建成后的主要任务是生产青菜，同时也将试验能否在南极种植番茄、青椒、黄瓜等。令人高兴的是，当初的科研目标现在都已经完全实现，小小的温室里生机盎然，各种绿叶蔬菜就如同在它们的老家一样无忧无虑地生长。在中山站的蔬菜温室实验室内可以看到，16 平方米的温室里郁郁葱葱地生长着近 20 种蔬菜，蜿蜒的藤蔓爬满整个屋顶，一派生机盎然的景象。据项目现场执行人、中国第 31 次南极科考队队员程言峰介绍，整个温室采用无土栽培技术，在电脑的控制下，LED 植物生长灯能根据蔬菜生长情况自动调节照明时长；自动灌溉系统每隔一小时向水槽内注入营养液；当房间湿度低于 70%时，加湿系统将向房间内喷洒水雾。

据悉，这些试种蔬菜都是生长周期较短、栽培难度较低的品种，目前生长情况基本达到预期。以黄瓜为例，一棵黄瓜藤平均 2 天可以收获一根黄瓜，如果种植 20 棵，就能保证 18 名越冬队员在越冬期间每天都吃上新鲜黄瓜。在现有品种的基础上，今后还将试验种植苹果、草莓、水蜜桃等栽培难度较大的水果。

人类的智慧总能创造奇迹。大家不妨想象一下，随着这种极地温室大棚各方面技术的日渐成熟，未来，在南极大陆科考一定会变得更有人情味，更有生活气息，也一定可以吸引更多的优秀人才乐于前往。同时，作为全体队员的健康大总管——队医，他们也将会长舒一口气，终于可以不用天天发放并督促队员们按时吃复合维生素药片了。

科技，让生活更美好，科学技术领域的探索和进步是无上的荣光。

1. 南极温室大棚的屋顶用的覆盖材料是什么？为什么要用这种材料？还有其他更好的想法和办法吗？

2. 请通过网络搜索，仔细查看坏血病的临床表现以及治疗方法。

3. 郑和和他的船队曾经七下西洋，历史书中却似乎未见任何关于坏血病的记载，请仔细思考为什么没有相关的记载？

在企鹅粪里发现沉睡的秘密

南极是一片四面被海环绕的大陆，因为远离南回归线，接受到的阳光照射非常少，所以常年奇寒酷冷，堪称世界的冷源。在这样一片冰雪覆盖的大陆上做科学研究，方向看起来似乎很多，比如，研究人体在极昼或者极夜条件下生理指标的变化，研究南大洋的磷虾数量变化，研究极光的发生变化规律，研究冰架运动等。有些研究相对而言可能无法找到一个确定的规律或者说得出一种定论，有些研究从理论上看是可行的，但实际却很难真正开展，这个时候，优秀的南极科考专家就应该思考更好的更符合现有条件的科研方向。

中国科学技术大学生态地质学家孙立广教授就曾经为研究方向颇费了一番脑筋，几经波折，最后找到了一个独特的研究方向——企鹅粪土层与地球环境生态关系的研究。企鹅是一种鸟类，在陆地上生活繁衍，在海洋里取食，把海洋里的食物消化后，又以粪便的形式排泄在陆地上，这样就完成了“海洋—大气—陆地”的大尺度循环，保存了海洋、生物的信息。当企鹅的粪便流入一个湖泊或一个积水区时，最底部的粪便是年代最久的，如果这个沉积物有一千年的话，那么它就有一千年的历史，从中可以读取到历史的密码。

企鹅是南极大陆的原住居民，其存在历史已有百万年之久，如果能找到它们长期定居点的粪土层，分析其粪便里的一些微量元素，观察其数值变化，或许就能找到人类活动对于南极大陆环境影响的细微证据，也可以带给其他研究更好的思考和启迪。

任何科学研究，首先都要有研究对象。在孙立广教授的脑海里，首要的就是要找到年代久远的企鹅粪土层。1998 年的冬天，孙教授和其他诸多相关学科的研究者一起登上了“雪龙”号科考船。在到达南极之后，他们不敢有任何懈怠，赶紧去寻找企鹅的粪土层，或许是上天有意要考验中国人的决心和毅力，在近一个月的时间里，他们的科研团队竟然一无所获，就在他们感觉有几分绝望之时，终于在一处不被注意的偏僻积水区中发现了大量的厚度达到数米的企鹅粪土层，这让科研团队兴奋不已。

孙立广教授团队在南极采样

在完成科研取样之后，接下来的工作就是在实验室里对企鹅粪土层里诸多化学成分进行分析和定量检测，这也是一个难题。好在世界上已经有可以参考的先例，那么接下来的问题就是，企鹅粪土层里有成千上万种化学物质，应该优选哪一种或者哪几种呢？孙立广教授团队选择了对环境最为敏感的汞。

在不同粪土层汞含量的测定中，从企鹅粪和企鹅毛里，孙立广教授团队还找到了人类的信息。比如，他们发现距今250年前，南极企鹅粪中汞含量非常高，过了几十年又突然降低，这是为什么呢？原来，在250年前的那段时间，北美洲（主要是美国西部地区）发现了很多金矿，冶炼金矿需要汞，这样一来，汞就通过大气和海洋，从美洲大陆慢慢移动到南极洲，再通过食物链，最终保存在企鹅粪和企鹅毛里。后来美国南北战争打响了，冶炼停止了，南极企鹅粪土层里汞的含量自然又降低了。所以我们看到，人类的活动对地球生态有着很大的影响。

从这项研究可以看出，尽管我们远离南极大陆，但我们每个人实际上都有可能因为自身的生命活动而对远方留下痕迹，这个痕迹就是我们排放的物质，可能只有十亿分之一，也可能只有百亿分之一，但是它们确确实实是存在着的。从企鹅的粪便中，还可以研究南极大陆附近海洋里磷虾的情况，因为企鹅吃的是磷虾，如果磷虾的数量变化了，这条食物链上的生物数量也会有所变化。

孙立广教授团队的研究是中国人第一次用企鹅粪的方法考证南极企鹅的历史数量变化，在全世界范围而言都是一种研究思路和方法的重要创新。后来，他们的研究论文 *A 3,000-year record of penguin populations*（企鹅种群的3 000年记录）在历史悠久、人名鼎鼎的科学期刊 *Nature* 上发表，相关领域的审稿专家给予他们这样一个评价：这是一种新颖的研究方法，相信在不久的将来可能形成一个活跃的研究领域。

上天不负苦心人。果不其然，不久后孙立广教授团队就创新性地推出了一个生态地质学的研究方向，也就是用地质学、地质化学、有机地质化学等各种方法研究过去10 000年以来的生态历史。这样的研究方法可以重复应用于很多内陆地层的研究，并且取得了很好的研究成果。

采集沉积物样品

想一想

1. 画出由企鹅完成的“海洋—大气—陆地”大尺度循环图。

2. 金属汞通常会应用在日常生活中的哪些地方？其对人体有哪些危害？

3. 完成一项科学研究，需要经历哪几个步骤？

孙立广教授科考手稿

南极的土壤

我国有一句俗语，叫做万物土中生。意思是说，肥沃的土壤给人类提供了许许多多的基本物质，比如粮食、蔬菜和水果等。对于有着充足光照、充足雨水滋润的大地而言，这种观点毫无疑问是成立的。那么对于冰天雪地的南极大陆而言，土壤意味着什么呢?

南极腹地几乎是一片不毛之地，植物难以生存，在地表只能偶尔见到一些苔藓、地衣等植物，更不用说一株小草、一棵大树了。如果真的有这些植物在南极生机勃发地生长，大概也就不存在全世界 20 多个国家不辞劳苦，派人去南极进行科学考察一说了。因为，那样的土地一定会在历史进程中获得明确的归属权，跟其他国家几乎没有任何关系了。但是，不毛之地并不意味着就没有生命，只是这里的生命形态与其他大陆不一样而已。

人们不禁要问，这毫无生机的白色荒原的土壤里竟然还有生命？答案当然是肯定的——那就是肉眼不可见的微生物。而且，这里的微生物有非同寻常的生存能力，比如它们可以在干燥的南极土壤里生存，忍受着全年极低的温度，甚至还要在大量紫外线照射下生长发育繁殖，这是多么神奇的能力！假如通过对这些生命力顽强的微生物进行深入细致的研究，找到其中某些机理，然后将这些机理复制到常规的种子上或者通过基因改造的方式，让常规的种子获得某种超强能力，那么，世界上许多当下无法耕种的土地就将变成万顷良田。可能有人会说，这不就是转基因的那一套吗？更准确地讲，应该既有相关性，也有区别。

研究南极土壤里这些肉眼看不到的微生物，或许还有更深远的意义。美国极地生物学家已经在南极发现一种可以在致命射线下生存的细菌，它们在被射线打断DNA的两个小时后就能启动自动修复功能，这项发现令许多人欣喜。或许，将来可以利用这种细菌治疗人类的恶性肿瘤，甚至，在更加久远的未来，人类步入太空时代，这种细菌或许也可以有效地保护人类免于宇宙各种致命射线的辐射。

既然是研究南极的微生物，自然在取样的时候就要格外注意不要让标本里混入人体自带的各种微生物。因此，我们的科考队员在取样时都有着非常严格的操作标准和流程。比如：每一个样本都要有确切的GPS坐标，这是为了更好地控制整个南极的研究进度；一般土壤样本在地表以下10厘米左右，因为这个位置的温度和湿度都更适合微生物的生长；科考队员的取样工具都经过严格的消毒，并且在取样的时候，必须避免手或者其他裸露部位与土壤接触，否则都会增加样本被污染的可能性，给后续的实验室研究带来麻烦甚至是严重影响。

必须告诉同学们的是，科学研究要想得出严谨的结论，从第一步开始就要严格要求，一丝不苟。

1. 如果把一定量的南极土壤带回国内，按照正常的季节播下一些瓜果的种子，可以结出正常的瓜果吗？为什么？

2. 为什么不加大对转基因技术的利用，让当下许多无法耕种的土地变成万顷良田？

3. 细菌是什么？它对人体有何利弊？

4. 人体上存在哪些自带的微生物？

南极的陨石

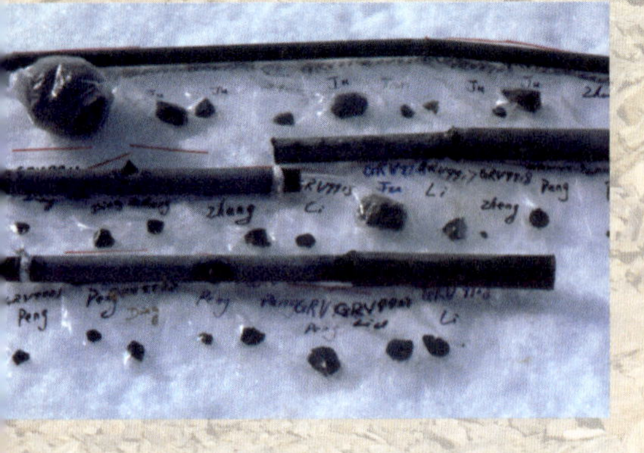

陨石是地球以外未燃尽的宇宙流星，脱离原有运行轨道飞快地散落到地球或其他行星表面的石质的、铁质的或是石铁混合物质，也称“陨星”。大多数陨石来自于火星和木星间的小行星带，小部分来自月球和火星。按照所含主要成分，陨石大体可分为：石陨石、铁陨石和石铁混合陨石。

陨石是来自于太阳系的岩石样品，其中保存了星云凝聚、行星堆积和火星等类地行星熔融过程的信息，对于了解太阳系起源和认识地球具有重要价值。南极是陨石的富集区，收集南极陨石也成为各国南极科学考察的重要项目之一。

中国南极科考队几乎每隔几年就努力在南极格罗夫山地区搜罗陨石。其中，第 32 次科考队收集陨石的成果较大。这次中国南极科考队在格罗夫山地区共搜集到陨石 630 块，总质量 1 722 克，其中最大的一块 438 克。至此，我国南极陨石拥有量已经达到 12 665 块，稳居世界第三。排在第一和第二的国家分别是美国和日本。

据统计，各国考察队在南极找到的陨石已超过 40 000 块，而在世界其他地区发现的陨石数量总共才几千块。那么，是不是南极比其他地区更容易降落陨石呢？答案是否定的。南极陨石多见的原因有三个。

第一个原因是冰盖对陨石的搬运收集作用。在大气层中剧烈燃烧的陨石直接溅射入冰层几百米深处，并随着冰盖不停地向较低的地方缓慢流动。当冰盖受到隆起山脉的阻挡时，厚厚的冰层便会顺着山坡向上推起。翘起的冰层表面在狂风中不断气化消融。冰层边推起边消融，久而久之，就会把冰层里面的陨石送到表面。冰层表面继续消融，陨石却留在原地不动。于是冰层又渐渐把后面的陨石推出来，就好像天然传送带一样，把陨石收集在一起。一般来说，只要发现一块陨石，附近就可能有很多块陨石。

第二个原因是陨石在冰层中比在其他环境中更容易保存。据统计，由于相对较强烈的物理风化和化学风化作用，降落在土壤或者湖水、海水中的陨石一般只能保存 4 000 至 10 000 年，而在南极冰层中的陨石则可保存几十万年而不瓦解。

第三个原因是黑色的陨石在白色的冰雪中很容易被人发现。站在万里冰原上放眼望去，只要在茫茫白色中看见一个小黑点，那八成就是陨石了。

陨石具有极高的科学研究价值，人类如今能进入太空就部分依赖于人类对陨石的深度

研究。虽然美国发射“机遇”号与“勇气”号火星探测器来探索火星，但对火星的研究不仅限于发射火星探测器，对落在地面上的火星陨石进行研究也是科学家认识火星的重要途径。

在对一些陨石进行分析研究后，我国科学家发现，其中有两块是来自火星表面的岩石，即火星陨石。按照南极陨石命名的国际惯例，这两块火星陨石分别被命名为“GRV99027”和“GRV020090”，编号的英文字母为格罗夫山（Grove Mountain）的英义缩写，前两位数字代表年份，后面的数字代表该年份发现的陨石顺序编号。“GRV99027”号火星陨石质量为 9.97 克，表面覆盖着很薄的黑色熔壳，该熔壳是陨石穿透地球大气层时摩擦产生的高温熔融形成的。在熔壳的脱落处，可见露出的浅灰色粗粒辉石和橄榄石晶体。“GRV020090”号火星陨石质量为 7.54 克，是格罗夫山陨石中最新、最漂亮的一块样品。

如何证明它们来自火星呢？火星陨石与地球上的某些岩浆岩非常类似。但是，陨石表面覆盖有穿过大气层时形成的特有熔壳，因而很容易与地球上的岩石相区分。另外，陨石在宇宙空间的运行阶段，受到宇宙射线的长期照射，形成了各种稳定和放射性的核素，也不同于地球上的各种岩石。通过对一些放射性同位素的测定，科学家可以确定火星陨石由岩浆结晶形成岩浆岩的年龄，它们的年龄为 1 亿年至 30 亿年不等，这说明这些岩石来自一个相当大的类地行星。只有这样，该行星内部才能保持足够的能量，以提供火山活动所需的热量。火星陨石最关键的证据来自其中捕获的气体，它们的化学元素和同位素组成正好由火星大气与地球大气混合而成。

火星陨石对人类认识火星的形成和演化具有重要作用。首先，火星陨石是人类目前唯一获得的火星岩石样品，可在地球上的实验室对其物质组成、矿物岩石结构以及各种同位素年龄等进行精确测定；其次，人类成功发射软着陆器登陆火星的着陆点仅 5 个，而已知的火星陨石代表了火星表面 20 个以上不同地区的岩石，因而分析火星陨石对认识火星这个星球的组成和演化更有代表性。迄今为止，全世界已发现并正式报道的火星陨石共 28 块，并划分为 5 种不同的岩石类型。我国发现的两块火星陨石都属较稀少的二辉橄榄岩，全世界仅 6 块。我国将通过对火星陨石的研究，重点回答火星地壳与地幔的物质组成、水存在的地球化学证据等基本问题。

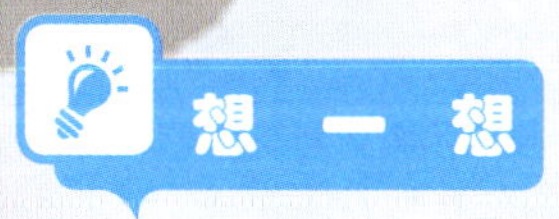

1. 你见过陨石吗？你所认识的陨石有何奇妙之处？能不能简单描述一下陨石和地球上的普通石头有什么区别？

2. 对于各国科考队员从南极发现并带走大量的陨石，如何看待和理解？

3. 请发挥想象，给南极陨石起一个富有诗意的名字。

图书在版编目（CIP）数据

科考在南极 / 陆英主编．—上海：上海浦江教育出版社有限公司，2018.7

（青少年科技素养丛书）

ISBN 978-7-81121-563-2

Ⅰ.①科…　Ⅱ.①陆…　Ⅲ.①南极－科学考察－青少年读物　Ⅳ.① N816.61-49

中国版本图书馆 CIP 数据核字（2018）第 175658 号

上海浦江教育出版社出版

社址：上海市海港大道 1550 号上海海事大学校内　邮政编码：201306
电话：021-38284923（总编室）　38284910/12（发行）　38284910（传真）
上海盛通时代印刷有限公司印装　　上海浦江教育出版社发行
幅面尺寸：185 mm × 260 mm　　印张：4　　字数：100 千字
2018 年 8 月第 1 版　　2018 年 8 月第 1 次印刷
策划编辑：倪项根　　责任编辑：薛树业　　封面设计：赵宏义
定价：48.00 元